AF610894

NOTE

SUR

L'EXPLOITATION ET LE COMMERCE DU THÉ AU TONKIN

PAR

PIERRE LEFÈVRE-PONTALIS

(Extrait du *Bulletin de Géographie historique et descriptive.*)

PARIS
ERNEST LEROUX, ÉDITEUR
28, RUE BONAPARTE, 28
1892

ANGERS, IMP. BURDIN ET Cie, 4, RUE GARNIER

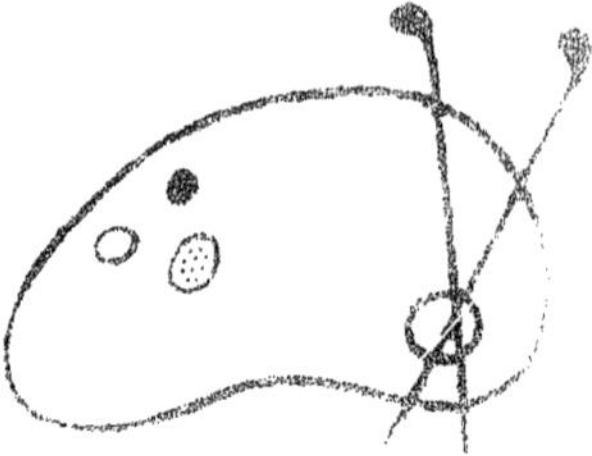

NOTE

SUR

L'EXPLOITATION ET LE COMMERCE DU THÉ

AU TONKIN

ANGERS, IMP. BURDIN ET Cie, 4, RUE GARNIER.

NOTE

SUR

L'EXPLOITATION ET LE COMMERCE DU THÉ AU TONKIN

PAR

Pierre LEFÈVRE-PONTALIS

(Extrait du *Bulletin de Géographie historique et descriptive*.)

PARIS
ERNEST LEROUX, ÉDITEUR
28, RUE BONAPARTE, 28
1892

NOTE
SUR L'EXPLOITATION ET LE COMMERCE DU THÉ
AU TONKIN

PAR M. PIERRE LEFÈVRE-PONTALIS

Malgré ses difficultés, notre colonie d'Indo-Chine, admirablement placée entre la Chine, l'Inde anglaise et les Indes néerlandaises, ne peut manquer de prendre un jour ou l'autre une grande importance; mais il est plus que probable que ce n'est pas la vieille Europe qui profitera directement de son commerce. Il n'y a pas lieu de croire que les sévérités d'une législation douanière rigoureuse arrivent à transformer les destinées de cette colonie dont tous les intérêts se concentreront de plus en plus dans l'Extrême-Orient.

La Chine, il y a longtemps qu'on l'a dit, est le débouché naturel de notre colonie. Ce sont ses besoins qu'il faut avant tout connaître et essayer de satisfaire. Il y a là un beau rôle à remplir pour nos compatriotes, qui après avoir négligé les affaires mises à leur portée par l'ouverture des ports chinois, n'ont plus le droit de se désintéresser de l'immense marché qui touche à nos possessions. La Chine n'est-elle pas aujourd'hui notre voisine et ne sommes-nous pas conviés par mille raisons diverses à tirer parti de ce voisinage que beaucoup trop de Français sont habitués à ne considérer que comme un obstacle et un danger?

Faute de s'être fait, par une étude approfondie, une idée exacte de ce que pourrait rapporter à un Français disposant de l'appui des autorités, d'une grande influence morale et d'importants capitaux, le commerce du riz avec la Chine, nous avons laissé se monopoliser entre les mains de marchands chinois, qui drainent l'argent, cet admirable commerce qui fait la prospérité de la Cochinchine et ne cesse pas, depuis notre occupation, de se développer. Nous n'avons même pas su nous mettre sur les rangs, laissant aux bateaux anglais et allemands le soin de charger des cargaisons de riz dans notre port de Saïgon. Un tel fret paraît trop insignifiant à nos armateurs français, qui aiment mieux disparaître complètement des mers de Chine ou y accomplir des services officiellement rétribués, que de se mettre à la portée des indigènes pour en obtenir davantage, et devoir une clientèle influente à leurs propres efforts.

Ce n'est pas ainsi que l'Inde et Java ont acquis le degré de prospérité qui fait si grand honneur aux Anglais et aux Hollandais.

Loin de se contenter de taxes sur les indigènes, ce sont leurs navigateurs et leurs planteurs qui ont contribué, pour la plus large part, à la prospérité dont la métropole a recueilli les fruits.

Notre position dans les mers de Chine est-elle moins favorable; les territoires dont nous disposons sont-ils moins fertiles, la main-d'œuvre est-elle plus rare; en un mot, y a-t-il trop de risques à courir en Indo-Chine? Il est aujourd'hui bien démontré que le commerçant et le colon, loin de rencontrer des obstacles invincibles, s'y trouveraient mieux partagés que dans beaucoup d'autres régions, transformées par le génie des Européens.

Appelés à profiter de l'expérience de nos voisins, nos commencements peuvent être moins pénibles si nous savons tirer parti de leurs exemples. Aussi, plutôt que de marcher à l'aventure, comme on le fait trop souvent, convient-il d'aller chercher chez eux des exemples, afin d'avoir une idée exacte et complète de ce que l'on peut et doit faire, avant de rien tenter.

La culture du thé, qui de la Chine s'est étendue dans l'Indo-Chine et à Java, et y a pris une forme nouvelle, mérite une attention particulière, car dans nos possessions indo-chinoises, où ce produit est apprécié par les indigènes, la culture et l'exploitation du thé peuvent prendre à notre profit de singuliers développements.

Rien d'ailleurs n'est instructif comme la visite d'une de ces plantations javanaises, où l'affabilité du maître n'a d'égale que son entente des affaires et son admirable esprit pratique. J'ai conservé, pour ma part, trop bon souvenir d'une excursion faite à Tjiomas, près de Buitenzorg, en octobre 1890, pour ne pas en garder quelque reconnaissance à M. Rodolph.

Quel degré d'expérience, fruit d'une longue pratique, faut-il avoir atteint pour obtenir dans une vaste exploitation, une si intelligente répartition du travail, une si parfaite utilisation du sol pour les cultures de choix auxquelles il se prête. Là se rencontrent, aux différents paliers d'un domaine appuyé contre la montagne, bien exposé, bien irrigué, et particulièrement fertile, des spécimens de toutes les cultures de l'île : riz, sucre, tabac, teck, ouatier, muscade, poivre, girofle, café, thé et quinquina. Le visiteur saisit dans son ensemble l'image des sources vives où s'alimente toute la fortune des Indes néerlandaises.

Grâce à la concurrence, et le progrès s'imposant, la production se transforme sans cesse. Le teck disparaît des endroits où il ne peut être que chétif. A côté des caféiers d'Arabie qui ont fait leur temps, car ils végètent et sont de trop maigre produit, s'alignent les nouveaux plans de Libéria, beaucoup plus vigoureux, et d'un rapport plus abondant, sinon plus délicat. Là, comme ailleurs, la quantité tue la qualité, car l'avenir n'appartient pas aux raffinés.

C'est ainsi que le thé d'Assam tend à supplanter, dans les plantations javanaises, le frêle arbuste chinois, au feuillage trop rare. Est-ce un bien? Peut-être faudrait-il prendre l'avis du buveur de thé, qui s'est montré jusqu'à ce jour assez rebelle à l'usage d'un produit qu'il juge inférieur, pour que les planteurs, ne sachant plus quel parti prendre entre la production à outrance où ils sont entraînés, et le choix raisonné des espèces préférées par le client, souhaitent de voir surgir de terre des générations nouvelles de consommateurs sans préjugés. Quel bonheur, me disait-on, si un pays comme la France, qui compte si peu dans le commerce général du thé, se mettait tout à coup à apprécier le produit et à nous faire d'importantes commandes!

Je crois qu'en cette circonstance les planteurs javanais se méprennent. Ils devraient sacrifier la quantité à la qualité et se mettre à la portée du consommateur.

Mais alors que deviendrait l'admirable organisation, si conforme à l'idéal contemporain de production, dont les principales exploitations de l'Inde et de Java nous donnent un saisissant exemple.

Le jardin de thé, bien planté, bien aligné, bien émondé, s'étale sur le versant d'une colline, à l'ombre de quelques grands arbres. Tous les quatorze jours, d'alertes Javanaises, le panier sur la hanche, viennent s'accroupir auprès de l'arbuste. Elles cueillent les pousses les plus tendres avec une ardeur intéressée, car c'est au poids que le travail se récompense, et la balance se charge de distinguer les plus diligentes.

Voici les petites feuilles vertes étalées sur la claie, où elles vont reposer pendant vingt-quatre heures.

A côté d'elles fonctionne déjà la puissante machine à vapeur qui représente sur la terre javanaise l'Occident, avec ses besoins exagérés, ses formidables moyens d'action. On vient d'abattre dans le voisinage quelques grands arbres. Pendant que les branches alimentent le feu, la scie aux grandes dents débite en planches de toute taille le tronc qui va servir à fabriquer des caisses.

C'est la même machine qui met en mouvement l'appareil perfectionné qui sert à rouler les petites feuilles parfumées. La sève sort. Il faut que le thé repose et fermente pendant vingt-quatre heures encore, avant que l'opération se termine. Mais comme le temps est précieux, il y a du travail pour chaque jour. Chaque opération vient à son tour, et la machine marche toujours. C'est encore elle qui sur des grilles de métal promène lentement à travers des courants d'air chaud le thé qui rapidement se racornit et se grille.

La fabrication est terminée. Un tamis se charge alors de classer par qualité de grosseur les feuilles ainsi préparées. Il n'y a plus qu'à mettre en caisse ce produit quotidien, si facilement obtenu. Les boîtes étiquetées et classées prennent la marque de leur date et de leur provenance : elles attendent le preneur.

Si durs que soient les temps, celui-ci ne se fait pas très longtemps attendre. C'est en Europe qu'il habite, mais le télégraphe supprime les distances. A Londres où se tient le grand marché du thé, on est au courant de l'offre et de la demande. On règle les cours. Le câble, les chemins de fer et les paquebots font alors leur office, et les banques en même temps ; car sans le moindre dérangement, le planteur touche dans les établissements de la colonie ou dans leurs succursales, dès qu'il le veut, le prix qui lui est dû.

Tant d'opérations accomplies si rapidement et d'une façon si avantageuse, cela n'a-t-il rien de surprenant pour nous, Français, qui perdons tant de temps à nous contempler et qui concevons difficilement que, hors de chez nous et surtout dans les lieux réputés sauvages, inhabitables, il y ait quelque chose à apprendre, peut-être à imiter.

Toutefois, en cela comme en toute chose, gardons-nous de toute imitation précipitée et non raisonnée. Certes il se fait à Java de grandes choses, mais tous les exemples ne sont pas bons à suivre. Il se produit trop de thé dans le monde pour que les consommateurs de race blanche, en Europe ou en Amérique, parviennent à l'écouler au gré de leurs vendeurs.

C'est ici que la qualité reprend ses droits et qu'elle l'emporte en dernier lieu sur la quantité. Les connaisseurs en thé ne s'improvisent pas. Un peuple, comme le nôtre, qui se pique de distinguer les vins, s'étonne que d'autres aient des prétentions exagérées en matière d'infusions. Il a de la peine à comprendre que certains thés de l'Inde ou du Ceylan puissent atteindre les prix prodigieux où on les a vus monter. Combien y a-t-il même de gens qui ignorent la différence qui existe entre les thés tels que les consomme l'Europe et ceux que l'on boit en Chine. Pourtant ces breuvages ne se ressemblent guère.

Or, cette distinction a la plus grande importance, au point de vue spécial qui nous occupe, car si, en Indo-Chine, nous pouvons avoir quelques prétentions, pour les qualités tout à fait supérieures, à prendre rang parmi les producteurs qui alimentent l'Europe, nous ne devons pas oublier que notre colonie est peuplée de millions de buveurs de thé, que la Chine, qui le leur fournit en partie, compte un si grand nombre d'habitants qu'elle pourrait facilement devenir notre tributaire, si nous prenions des dispositions pour cela, et que dès à présent elle se sert des voies fluviales du Tonkin, pour faire parvenir dans ses ports une partie du thé récolté dans ses provinces méridionales et dans les pays voisins.

Si l'on veut tenir compte de ce principe que c'est avec l'Extrême-Orient et non avec l'Europe que nos compatriotes d'Indo-Chine peuvent chercher à engager des affaires, on comprendra l'intérêt que doit présenter à leurs yeux la question du thé.

Appelé en 1890-1891, par les travaux de la mission Pavie, dont je faisais partie, à parcourir à plusieurs reprises la région qui s'étend entre la rivière Noire et le Mékhong et à séjourner parfois à Hanoi, je me suis particulièrement occupé de cette question qui, pour l'avenir du Tonkin, me paraît d'une grande importance.

Il n'y a pas, dans le Delta, de marché populaire où, parmi les mille ingrédients plus ou moins propres, servant à l'usage des Annamites, ne figurent quelques corbeilles rondes remplies de thé grossier. Ce thé est indigène. On le recueille sur les flancs des collines qui enserrent le Delta. L'arbuste qui le produit est quelquefois cultivé. Plus souvent, comme sur le mont Bavi, il pousse à l'état sauvage, au milieu des broussailles. Ce thé paraît suffisant aux classes inférieures, mais il est mal préparé et de mauvaise qualité. Néanmoins l'existence seule de l'arbuste à l'état naturel est un indice suffisant que le terrain lui convient, et que le Français du Tonkin aurait pour le moins autant de raisons que l'Anglais dans les Indes et le Hollandais à Java, pour essayer d'en tirer parti dans des plantations.

La présence au Tonkin de nombreux Chinois des provinces maritimes a vulgarisé chez certains indigènes, qui prennent volontiers modèle sur leurs voisins, l'usage des thés de Canton et du Fo-Kien, que les Européens savent apprécier. Le thé d'U-long, qui se vend dans de petites boites rondes de métal, est un des plus recherchés. Mais tout autre est celui dont use le gros de la population.

C'est du Yunnan qu'arrivent par le fleuve Rouge les paquets de galettes soigneusement enveloppées dans des feuilles sèches de bananier, que l'on voit débarquer des jonques, sur le bord du fleuve Rouge, et qui s'empilent dans les magasins d'Hanoi et des grandes villes.

Plusieurs négociants européens connaissent déjà la valeur de ce produit. L'exportation qu'ils en font jusqu'en Amérique, prouve qu'il peut faire l'objet d'un commerce étendu.

Pendant un de mes séjours à Hanoi, je me suis informé chez des marchands indigènes du prix de ces thés. Je sus que les galettes rondes de thé coagulé à la vapeur d'eau, dites d'Ipang, se vendaient en gros, par paquets de sept, et que, pour 10 piastres (de 40 à 50 francs), on pouvait obtenir 12 paquets, c'est-à-dire 84 galettes.

On me fit voir également du thé coagulé en forme de cube, que l'on disait venir de Muong-Lè. Les paquets étaient de cinq cubes. On en avait 30, c'est-à-dire 150 cubes, pour 12 piastres.

Ces thés, entrant au Tonkin par le fleuve Rouge, passent devant Man-hao et Lao-kay. Il serait désirable de voir notre consul à Mongtze et les autorités du protectorat surveiller ce commerce et arriver à se rendre un compte exact des provenances, des moyens de transport, des prix d'achat dans le Yunnan, et des quantités qui entrent au Tonkin. Ces éléments d'information pourraient être comparés avec les renseignements que nous avons nous-mêmes recueillis sur place, lorsque nous avons visité les principales localités où ce produit se récolte.

Ipang et Muong-Lè, dont les thés se rencontrent sur la place d'Hanoi, ne se trouvent pas dans le bassin du fleuve Rouge, mais dans le voisinage de la rivière Noire et du Mékhong. Pour atteindre le fleuve Rouge, où on les charge sur des jonques, les ballots de thé sont donc, au Yunnan, l'objet d'un premier transport et de manipulations dont nous avons pu aisément nous rendre compte.

Lorsque nous quittâmes Hanoi, le 2 janvier 1891, nous avions pour compagnon de voyage un chef thaï de la rivière Noire, Deo-van-Tri, qui, à des aptitudes militaires joignait un sens pratique très remarquable, un goût prononcé pour le commerce et une connaissance approfondie du Yunnan où il avait beaucoup voyagé. C'était, en un mot, un indigène d'une intelligence supérieure, qu'un sentiment de profonde reconnaissance tenait étroitement uni à M. Pavie, le protecteur de sa famille, qui venait de recevoir sa soumission dans le courant de l'année 1888.

J'ai fait deux séjours à Hanoi avec Deo-van-Tri. J'ai vécu avec lui non seulement sur la rivière Noire et dans son pays de Lai-Chau, mais encore pendant les six mois que dura notre voyage, aller et retour, de Hanoi à Xieng-hung, sur le Mékhong. J'avais fait de l'étude du thé une des parties principales de mon programme. Les renseignements qu'il me procura furent d'autant plus précieux qu'il s'intéressait lui-même à cette question, et qu'il entrevoyait dans la reprise d'un mouvement commercial direct entre Hanoi et les cantons producteurs du thé, de sérieux avantages pour lui et pour les siens.

Il connaissait pour y avoir été plusieurs fois, Muong-Lè, localité yunnanaise, voisine de Lai-Chau. Quant à Ipang, renommé pour ses jardins à thé, et sur lequel les explorateurs de l'Indo-Chine et du Yunnan avaient attiré l'attention, sans avoir jamais pu le visiter, il savait que ce centre était autrefois en relations directes avec Hanoi par la rivière Noire, mais que la persistance des troubles et les défiances mesquines du gouvernement annamite redoutant des invasions, avaient depuis longtemps fait abandonner par les commerçants cette route naturelle; ce qui faisait refluer vers le Yunnan des marchandises dont l'écoulement eût toujours dû se faire par le Tonkin.

Pour se procurer du thé portant la marque d'Ipang, la famille de Deo-van-Tri était obligée d'en envoyer chercher à Mong-tze, de l'autre côté du fleuve Rouge.

Il comprenait donc que notre voyage pouvait avoir pour résultat de rouvrir la voie commerciale dont ses pères avaient profité, et il s'en félicitait.

Pendant que nous remontions la rivière Noire à petites journées, dans nos pirogues, je ne négligeai aucune occasion de me renseigner sur les villages voisins où les indigènes recueillaient du thé servant à la consommation locale. J'en avais remarqué parmi les marchandises que les barques, arrivant chaque jour au barrage de Cho'-bo', centralisent dans la case de quelque traitant chinois ou européen.

En route, il m'arriva de voir descendre de la montagne des Moïs portant la hotte sur l'épaule, avec du tabac, du cu-nao et autres végétaux. Ils avaient aussi un peu de thé grossièrement préparé et enveloppé dans des feuilles de bananier sauvage. Je me procurai des échantillons de ce thé récolté à Moc-Chau, sur les arbustes de la montagne. Il ne donne lieu, de la part des indigènes, à aucune exploitation régulière, mais il n'y a pas lieu de croire qu'un Européen rencontrerait des obstacles sérieux, s'il lui plaisait de tenter sur ces hauteurs favorables, voisines du Delta, quelque culture intensive dans le genre de celles de Java ou de Ceylan.

Plus haut sur la rivière Noire, je me procurai encore du thé venant de Luan-Chau, qui me parut d'une qualité sensiblement supérieure à celui de Moc-Chau. On peut signaler cet endroit comme susceptible de devenir le centre d'une exploitation progressive et raisonnée. Le concours intelligent du chef indigène du canton Kam-doi, proche parent de Deo-van-Tri, sur lequel on pourrait compter, est un élément de succès qu'il n'est pas permis de négliger dans une région où la force des institutions féodales est telle qu'on ne peut réussir qu'en étant d'accord avec les chefs héréditaires du pays.

Les thés indigènes entrent dans la consommation locale; mais dans l'état actuel, leur production est trop limitée pour suffire aux besoins d'une population assez clairsemée. Les habitants sont donc obligés d'en aller chercher au Yunnan, ou de profiter des rares caravanes de mules qui viennent, pendant la bonne saison, à Lai-Chau et à Dien-bien-phu. C'est, en général, au mois de décembre ou de janvier, avant les fêtes du *tet*, qu'elles se présentent. Parmi leurs marchandises, d'origine chinoise, se trouve du thé de qualités et de provenances différentes. Nous en avons vu qui venait d'Isa, près de Yuen-kiang (Yunnan). Il était disposé par paquets de sept galettes, sensiblement plus petites que celles portant à Hanoi la marque d'Ipang. On paye 4 piastres à Lai-Chau, sept paquets, c'est-à-dire 49 galettes de ce thé relativement inférieur. Quant aux petites boîtes venant de Canton, celles d'U-long en particulier, il faut être en relations avec le Delta ou tout au moins avec Cho'-bo', où trafiquent quelques Chinois de la côte, pour se procurer cette marque de choix, qui, pour les fêtes du nouveau an, s'offre souvent en présent.

C'est à Lai-Chau que s'est organisée, pendant le mois de février 1891, notre marche en avant vers Xieng-Hung et les Sipsong Pannas. Il ne rentre pas dans les limites de cette étude de raconter les incidents du voyage, ni les intéressants résultats obtenus au double point de vue politique et géographique. Seule la question du thé nous occupe ici.

De Lai-Chau sur la rivière Noire, à Poufang, sur un de ses affluents, nous avions à suivre un chemin peu fréquenté, dans un pays hérissé de montagnes où les habitants, autrefois nombreux, mais dispersés par trente années de troubles, reviennent peu à peu. Deo-van-Tri est maître de ce pays. C'est dire tout le zèle que les chefs indigènes mettent à seconder les efforts des autorités françaises, dont la préoccupation actuelle est de faire rentrer dans leurs cantons pacifiés les habitants réfugiés en Chine ou au Laos.

Si nous ne sommes pas à la veille de voir construire dans la région des routes carrossables, nous pouvons être sûrs que les sentiers de montagnes, jusqu'à ce jour un peu difficiles, ne tarderont pas à se transformer en chemins de caravanes. Et c'est ce qu'il faut pour faire abandonner aux mules le chemin de la Chine, car les meilleurs débouchés sont entre nos mains.

Entre Lai-Chau et Poufang, les collines qui avoisinent le cours du Nam-Mi sont propres à la culture du thé. Là encore il s'agit d'encourager les habitants à exploiter un produit dont ils pourraient tirer profit.

Il en est de même de Muong-Tè, localité située près de la frontière chinoise, sur la rivière Noire, à quatre ou cinq jours de Lai-Chau dont elle dépend. Deo-van-Tri prétend que si les habitants étaient plus nombreux, l'exploitation du thé reprendrait rapidement son ancienne prospérité. Le tigre abonde dans le pays; il faudrait le faire disparaître.

La localité yunnanaise la plus voisine de Muong-Tè est ce Muong-Lè dont on rencontre les produits sur le marché d'Hanoi. C'est à Lai-Chau, tête de ligne de la navigation des pirogues sur la rivière Noire, que devraient se concentrer tous les thés de la région. Mais en quelques années. le défaut de sécurité et l'absence d'esprit commercial chez les chefs thaïs dépendant du Tonkin, ont servi les intérêts chinois. Avant notre voyage, les caravanes qui sillonnent le Yunnan et les pays shans allaient à Muong-Lè, mais ne poussaient plus jusqu'à Lai-Chau.

M. Pavie a parcouru sur le territoire chinois la route qui relie Muong-Lè à Man-Hao sur le fleuve Rouge. Il a acquis la conviction que les caravanes, ayant tout avantage à prendre Lai-Chau comme tête de ligne, n'hésiteraient pas à le faire, si on s'appliquait à les encourager.

La rivière Noire n'étant guère navigable au-dessus de Lai-Chau, la route de terre passe par Muong-Nghe (Poufang) qui se trouve à cinq jours de Lai. C'est une situation de premier ordre, au point de rencontre des territoires chinois de Muong-Lè, Lu de Muong-Hou, laotien de Abine, et tonkinois de Lai-Chau. Placé dès à présent sous la surveillance d'un poste de miliciens, Muong-Nghe n'a besoin que de quelques bons chemins, et de cases mises à la disposition des voyageurs, pour devenir, comme autrefois, un centre fréquenté par les caravanes.

Il ne sera pas visité seulement par des Chinois allant du Yunnan au Laos. C'est le point de passage inévitable des routes qui relient directement le Tonkin aux pays shans.

Les jardins à thé d'Ipang sont à sept jours de Muong-Nghe. Reliés par un grand nombre de chemins aux principaux centres du Yunnan, Pou-Eurl, Se-Mao, Yuen-Kiang, Talan, Man-Hao, etc., ils sont, pendant une grande partie de l'année, le rendez-vous d'immenses convois de muletiers qui rentrent en Chine avec des cargaisons de thé. Ne pourrait-on pas faire dévier sur Muong-Nghe et Lai-Chau une partie de ce commerce lucratif?

Douze jours à dos de mules d'Ipang à Lai, et cinq de Lai à Hanoi en pirogues, avec un grand centre commercial et des débouchés assurés au terme du voyage, n'y a-t-il pas là de quoi tenter des négociants que la routine a, jusqu'à ce jour, dirigés sur le Yunnan.

Les obligations de notre voyage ne me permirent de visiter Ipang qu'au retour de Xieng-Hung et du Mékhong. Ayant vu, sur la rive droite du grand fleuve, les belles exploitations de Muong-Soung, de Muong-Hai et de Muong-Kiè, j'étais mieux préparé, lorsque je visitai les villages à thé de la rive gauche, à saisir la question dans son ensemble.

Mais en allant de Poufang à Xieng-Hung, à travers les cantons *Lus* qui font partie du pays des Sipsong Pannas (les 12 millions de rizières) et bordent la frontière sud du Yunnan, nous eûmes l'occasion de croiser tous les chemins, qui relient Ipang aux centres chinois. Chaque jour nous rencontrions des caravanes, grosses parfois de cent à deux cent mules, mi-chargées de sel ou de riz à l'aller, lourdes de thé au retour.

Sur la carte ci-jointe, figurent les villages de Xieng-Séo, Takolègne, Xieng-Tong et Muong-Bang, entre le Nam-Hou et le Nam-Bane, tous deux tributaires du Mékhong. Ce sont les lieux de passage ordinaires des convois se dirigeant sur Muong-Lê, Yuen-Kiang, Pou-Eurl et Semao. Ces convois sont composés de mulets ou de bœufs, solidement bâtés, habitués à la montagne et dociles à la voix de leurs guides. Ceux-ci ont chacun la responsabilité d'un certain nombre de bêtes. Ils sont généralement armés de piques, de tridents, ou de pistolets. Leurs étapes sont réglées. Ils s'arrêtent dans les pâturages. Les mules reviennent au premier appel, suivant leur tête de file qui porte fièrement son bel harnachement, pompons rouges et glands, miroirs et plumes de faisan argenté.

Les guides couchent en plein air, quelquefois à l'entrée d'un village ou aux portes d'une pagode. Ils sont durs à la fatigue et sobres, mais se passent difficilement d'opium. Ce sont, pour la plupart, des Yunnanais.

Voici les principales distances. Il faut :

3 jours d'Ipang à Xieng-Séo et 2 ensuite jusqu'à Muong-Lè.
4 jours — à Takolègne, direction de Yuen-Kiang.
4 jours — à Xieng-Tong et 4 en plus jusqu'à Pou-Eurl.
4 jours — à Muong-Bang et 3 en plus jusqu'à Semao.

Au delà, Muong-Hine et Xieng-Neua se trouvent encore sur des routes très fréquentées, mais les caravanes qui les parcourent ne transportent guère que du coton venu de Xi ng-Mai ou du thé récolté sur la rive droite du Mékhong.

Elles franchissent le fleuve aux rares endroits où des bacs existent en permanence.

Il y en a un près de Xieng-Hung. Un autre, celui de Pak-Kong, est à quatre étapes de là, vers le nord. M. Pavie et moi avons été les premiers Européens à en user, en avril 1891, comme nous revenions de Muong-Kiè sur la rive droite, à Muong-Hine sur la rive gauche. Il passe, bon an mal an, de cinq mille à six mille mules par ce bac qui ne fonctionne que pendant quelques mois. Un seul bateau à fond plat, qui peut contenir une quarantaine de bêtes, est en marche depuis le matin jusqu'au coucher du soleil. Le droit de bac est affermé 2,000 piastres à un indigène. Le jour où nous avons passé, la recette avait été de 200 piastres, chaque mule ou cheval payant un prix fixe de 4 baks et chaque homme avec un fardeau, une somme de 8 tiens.

Mais si considérable que soit la quantité de thé qui passe en cet endroit le Mékhong, pour être portée à Pou-Eurl ou à Semao, elle est fort inférieure à celle qui, restant sur la rive droite du fleuve, prend la direction de *Tali*, par Ouei-Yuen.

A Tali, le thé d'Ipang se vend une trentaine de piastres le picul, et celui de la rive droite, de 25 à 28 piastres.

Les jardins à thé des pays shans ont été décrits par tous les voyageurs qui ont visité Xieng-Mai et Xieng-Toung. Mac Leod a parlé de ceux qu'il a rencontrés en se rendant à Xieng-Hung. Mais aucun Européen, avant nous, n'ayant atteint les pays shans, en venant du Tonkin, on n'avait pas encore envisagé le profit que notre colonie est appelée, par sa situation géographique et ses ressources, à tirer de ce voisinage. Il va sans dire que le thé récolté sur la rive gauche du Mékhong, à Ipang et autres lieux, ne peut manquer d'éveiller l'attention de nos commerçants du Tonkin. Mais ce qu'il est fort intéressant d'observer, c'est que, si ceux-ci veulent étendre le champ de leurs affaires, il leur est facile de profiter en même temps des récoltes qui se font sur la rive droite; car Ipang, Ihou, situés dans notre sphère d'action, sont dès à présent le chef-lieu du commerce du thé dans les pays shans. C'est le centre où se réunissent et se retrouvent les marchands chinois, où ils possèdent une installation, et d'où ils rayonnent au loin pour faire leurs commandes et leurs emplettes.

L'exploitation du thé est d'ailleurs toute différente de chaque côté du Mékhong. Sur la rive droite, où les Lus, population laotienne, sont nombreux, riches et puissants, les Chinois auraient eu beaucoup de peine à prendre pied et à se poser en maîtres. Les Lus exploitent donc eux-mêmes leurs jardins admirablement situés aux abords de leurs villages, à l'ombre de grandes futaies de chênes, d'où les broussailles inutiles sont soigneusement écartées. Il y a une époque pour la récolte. Elle commence vers le mois de mars. Les quantités recueillies sont considérables. Les habitants étalent les feuilles près de leurs maisons pour les faire sécher, et les vendent telles quelles, aux commerçants chinois qui sont de passage chez eux avec leurs caravanes. A Ipang, les prix sont plus forts, parce que le thé est plus rare et plus apprécié. Un picul (60 kilos) de thé de Muong-Soung (rive droite) s'achète sur place 8 piastres et demie. A Ipang (rive gauche) on ne peut avoir un picul de qualité ordinaire à moins de 10 piastres.

Ce qui a fait la réputation d'Ipang, c'est la qualité du thé, dit impérial. Chaque année, à l'époque des premières pluies, on fait pour l'empereur de Chine une récolte qui se compose exclusivement des pousses les plus tendres et les plus ténues. C'est un ancien usage qui prouve à quel point cette espèce de thé est appréciée par les gens les plus compétents. La quantité réservée est seulement d'environ 50 piculs, mais il n'en arrive guère que 20 à destination, car depuis Ipang jusqu'à Péking, tous ceux entre les mains desquels passe le thé de l'empereur ont soin de se faire leur petite part, malgré les dénonciations et les peines sévères auxquels ils s'exposent. Mais comment résister à une pareille tentation? Ce thé supérieur n'existe pas dans le commerce. On vend à Ipang 1 piastre le kilo et 3 piastres au Yunnan, la qualité qui se rapproche le plus de celle réservée au Fils du Ciel. J'en ai vu une poignée entre les mains d'un Chinois qui allait d'Ipang à Se-Mao, et se félicitait de son heureuse fortune. Ce thé d'aspect blanchâtre était composé de petites pousses très minces et soigneusement roulées.

Le besoin d'assurer à l'empereur le produit de sa récolte, l'universelle réputation du cru, et la possibilité de s'imposer à une population peu nombreuse et sans cohésion, ont déterminé les Chinois à resserrer leurs liens avec le petit pays d'Ipang. Aussi l'administration de ce panna, l'un des douze qui ont Xieng-Hung pour capitale, relève-t-elle plus directement de la préfecture chinoise de Pou-Eurl, que celle des autres cantons.

A Ipang et dans les villages voisins, les autorités chinoises perçoivent directement et sur place un impôt sur le thé. Il est d'une piastre et 10 cents par picul (60 kilos), pendant le fort de la saison. Pendant le reste de l'année, il ne dépasse pas 70 cents.

De tous ces villages, c'est à Ban-Noi, le point le plus rapproché du Nam-Hou et du territoire de Lai-Chau, que la recette est la plus forte. On nous a dit qu'elle s'élevait par mois à 3,000 piastres, tandis qu'à Ipang même, il faut un an pour réunir une somme pareille.

Sur la rive droite du Mékhong, les Chinois n'ont aucun moyen de percevoir sur place un impôt sur le thé, mais ils l'obtiennent à son entrée en Chine. Les caravanes payent un droit à leur arrivée à Semao ou à Tali; mais leur thé, étant jugé inférieur à celui d'Ipang, est taxé moitié moins cher : 4 salungs par picul au lieu de 8.

Les thés de la rive droite, à leur arrivée en Chine, n'ayant subi aucune autre préparation que le simple séchage au soleil, on comprend toutes les spéculations auxquelles peuvent se livrer les négociants chinois peu scrupuleux, qui, très au courant du commerce du thé et en relations d'affaires avec les différents centres des pays shans et du Yunnan, ne craignent pas de se livrer à des mélanges, et de tromper le public sur la provenance.

A Hanoi et même à Lai-Chau, lorsqu'il recevait de Mong-tze des galettes de thé portant sur leur enveloppe de bananier la marque d'Ipang bien tracée au pinceau, Deo-van-Tri était le premier à se faire des illusions sur l'origine de ce produit, mais il est revenu de son voyage avec une véritable expérience, qu'il a acquise par des observations directes et par des conversations avec les négociants chinois d'Ipang, de Ban-Noi et autres lieux.

Nous en avons rencontré plus d'un en route. Ils nous ont toujours fourni d'utiles renseignements, et n'ont pas été longs à comprendre tout l'avantage qu'ils pourraient tirer d'un mouvement d'affaires avec Hanoi par Lai-Chau et la rivière Noire.

Ipang, leur principal centre d'attache, est une localité très différente de celles du voisinage. Les pagodes, les maisons, les habitants, hommes et femmes, sont tout à fait chinois. On s'y occupe exclusivement du commerce du thé, de l'achat aux Khas-khongs de la montagne, du séchage, du triage (où les femmes excellent, séparant avec soin les feuilles pâles des feuilles brunes) et de la coagulation à la vapeur d'eau des galettes de thé. Lorsqu'elles sont prêtes, on les dispose dans des paniers de bambou, destinés à être portés par des mules.

La pagode que j'occupais à Ipang était remplie de paniers de ce genre, pouvant contenir 54 galettes, un peu moins que le poids d'un picul, représenté par 68.

Il y a trois grosses maisons de thé à Ipang. La plus importante fait 300 à 400 piculs d'affaires par an. Les deux autres environ 200.

Un des négociants chinois avec lesquels j'ai été en rapport connaissait Shang-haï, où il s'était rendu par le Yang-tsé-Kiang. Il avait également visité Pékin et rencontré en plusieurs occasions des Européens qu'il savait parfaitement différer les uns des autres par leur nationalité.

C'est au mois de mai, un peu avant d'atteindre Ipang, que notre rencontre eut lieu, comme il traversait le Nam-Bane avec ses mules. Il allait reprendre la direction de sa maison de commerce, à ce moment de l'année où la récolte commençait.

Les pays shans ne sont pas aussi heureusement dotés que Java, où une humidité constante et des pluies presque journalières permettent une exploitation continue. Au nord de l'Indo-Chine, les seuls mois favorables sont ceux d'avril et de mai. Auparavant, il fait trop sec pour que l'arbre à thé se développe. Un peu plus tard, à l'époque des pluies, les feuilles poussent trop rapidement et perdent leur saveur. Il y a bien une seconde saison, aux onzième et douzième mois, lorsque les pluies diminuent, mais elle est moins favorable que la première.

A l'époque où le commerce chôme, mais où la terre est fertile, on s'occupe des semis. On dépose la graine à une profondeur de $0^{m},20$. Lorsque l'arbuste atteint environ $0^{m},75$, on commence à l'élaguer; il n'est pas loin de sa période de production.

Sur la rive droite du Mékhong où il y a de gros villages habités par des Lus, gens avides et intelligents, les exploitations ont une plus grande importance. Chaque famille possède deux ou trois jardins à thé et vend sa récolte aux négociants de passage qui font des achats en gros. On trouve aussi du thé à vendre en détail, sur les marchés des villages, où il se paye 1 bak le kilo (8 baks font une piastre).

Dans le canton d'Ipang, la récolte est moins abondante. Les indigènes Khas-khongs, gens de race inférieure, ne sont peut-être pas aussi sensibles au gain que les Lus. En tout cas, ils sont moins nombreux. Leurs exploitations sont loin d'avoir aussi belle mine que celles de leurs voisins, et rappellent plutôt celles que le voyageur anglais Baber dit avoir vues au Sse-Chuen, où il faut chercher l'arbuste à thé au milieu de la brousse pour s'apercevoir de sa présence.

C'est à Ipang, Ihou, Ban-Xa, Ban-Noi, Ban-Soung et Yo-lo-Chane, que sont les jardins, généralement en terrain plus accidenté et moins ombragé que de l'autre côté du Mékhong.

Ihou, Ban-Xa et Ban-Noi sont les centres de production les plus importants. Yo-lo Chane est très voisin de Xieng-Hung, à peine à une journée de marche vers l'est. Ihou est le point le plus méridional. Entre Ihou et Ipang se trouve Ban-soung dont la production est très faible, à peine 2 ou 3 piculs par an.

Ban-Noi, le point le plus oriental, est, pour nous, le plus intéressant. Il s'y fait un chiffre d'affaires considérable. Les Chinois d'Ipang y ont des succursales et peuvent très facilement entrer en relations avec un commerçant du Tonkin qui aurait un établissement à Lai-Chau et un entrepôt à Muong-Nghe.

Le territoire de Deo-van-Tri n'est séparé du panna d'Ipang que par celui de Muong-Hou, dont les chefs sont intimement liés avec lui, et où le nom français est connu, respecté et apprécié. Dès à présent les intérêts de Muong-Hou sont associés aux nôtres. Les habitants de Lai-Chau peuvent se dire les voisins immédiats d'Ipang.

On ne saurait attacher trop d'importance à entretenir de bonnes relations avec les chefs indigènes de ces pays. On a besoin d'eux en toute occasion. Pour avoir des vivres, un logis, des moyens de transport, on ne peut se passer d'eux, et c'est encore d'eux que dépend le plus ou moins bon entretien des routes.

Il paraît indispensable de les intéresser aux opérations commerciales en les faisant participer aux bénéfices. Ils sont les intermédiaires inévitables de l'Européen. Par les moyens dont ils disposent, ce sont le plus souvent de précieux auxiliaires.

Deo-van-Tri a très vite compris le rôle qui lui incombe. Avant même d'avoir entamé avec les négociants d'Hanoi et d'Ipang aucune affaire, il prenait déjà des dispositions pour attirer à Lai-Chau les caravanes d'Ipang et de Muong-Lé. Il examinait les meilleurs itinéraires, faisait des invites pressantes aux négociants qu'il rencontrait, donnait des ordres sur son territoire pour l'amélioration des routes, faisait construire des abris aux étapes dépourvues de villages et s'entendait avec ses voisins de Muong-Hou pour le transit.

Il y a différentes manières de concevoir l'importation du thé au Tonkin. Le négociant peut entrer directement en relations avec le producteur. Mais il s'expose à de singuliers mécomptes. C'est un commerce des plus délicats. On a affaire à forte partie, de la part des Chinois habitués à la concurrence. Faute de savoir s'y prendre, me disait l'un d'eux, un tel paye 20 piastres ce que son voisin ne paye que 10.

Même, en ayant à son service d'excellents *compradors*, la concurrence pour l'achat, l'éloignement, les difficultés de la route pendant une saison, et du transport par eau pendant l'autre, sont des obstacles assez sérieux pour qu'un Européen ne songe pas à les affronter.

Il aura beaucoup plus d'avantages à laisser les chefs thaïs aller chercher eux-mêmes le thé à Ipang, ou bien à faire prendre par les autorités françaises et indigènes des mesures pour encourager les caravanes à venir à Muong-Nghe ou à Lai-Chau. Là, il pourra se porter acquéreur des quantités qu'il voudra, au prix convenable. Mais, comme, entre Lai-Chau et Cho'-bo', les transports ne se font sur la rivière Noire qu'au moyen de pirogues, et comme pour ce service il faut encore recourir à un intermédiaire indigène, le meilleur système paraît être de ne se porter acquéreur qu'à Cho'-bo' ou à Hanoi.

Toutefois, il s'agit, pour le moment, d'encourager l'offre et de créer un courant commercial qui n'existe pas. Il faut donc, d'une part, que ceux qui se chargent de fournir de thé le marché d'Hanoi, puissent compter sur un prix avantageux convenu d'avance; d'autre part, qu'ils disposent d'un capital suffisant pour assurer leurs premiers achats et leurs transports, en se procurant des bœufs, des mules et des pirogues. Comme la confiance ne saurait naître du premier coup entre les deux parties contractantes, il convient, en outre, que des intermédiaires, appréciés de l'une et de l'autre, revêtus, sinon d'un caractère officiel, tout du moins d'une autorité réelle, soient en mesure de surveiller l'exécution du marché et de ranimer le zèle de l'indigène.

En juin 1891, Deo-van-Tri descendit avec moi de Lai-Chau. Les encouragements de toute nature qu'il reçut de la part du gouverneur général et du résident supérieur, les avantages que surent immédiatement lui assurer quelques négociants, le déterminèrent à conclure des marchés fixes, dont l'exécution devait commencer avec la bonne saison.

Il est permis de croire que le succès viendra couronner cette première entreprise. Elle est de celles dont les débuts peuvent être difficiles, mais qui doivent aller toujours en progressant, suivant l'expérience de ceux qui les dirigent.

C'est sur les qualités de thé, les meilleures et les plus chères, que l'attention des commerçants doit se porter tout d'abord. Ils ne peuvent perdre de vue que les qualités ordinaires, dès à présent en vente sur le marché d'Hanoi, et qui passent, à tort ou à raison, pour venir d'Ipang, ne seront définitivement supplantées par leurs produits authentiques que le jour où ils seront en possession d'une clientèle sérieuse. Le vrai moyen d'acquérir cette clientèle, en courant le moins de risques possible, c'est d'offrir, pour commencer, les produits les plus estimés. Achetés cher sur le lieu de production, ils se vendront fort cher à Hanoi, et les frais de transport, vu la valeur intrinsèque de la marchandise, seront relativement beaucoup moindres que pour les autres thés.

Le jour où les qualités supérieures seront enlevées, le public saura où trouver de vraies marques, et comme il les payera meilleur marché, il tiendra à se les procurer. Hanoi deviendra, comme on a le droit de l'espérer, le principal débouché d'Ipang et l'un des centres importants du commerce du thé.

ANGERS, IMPRIMERIE BURDIN ET [illegible]

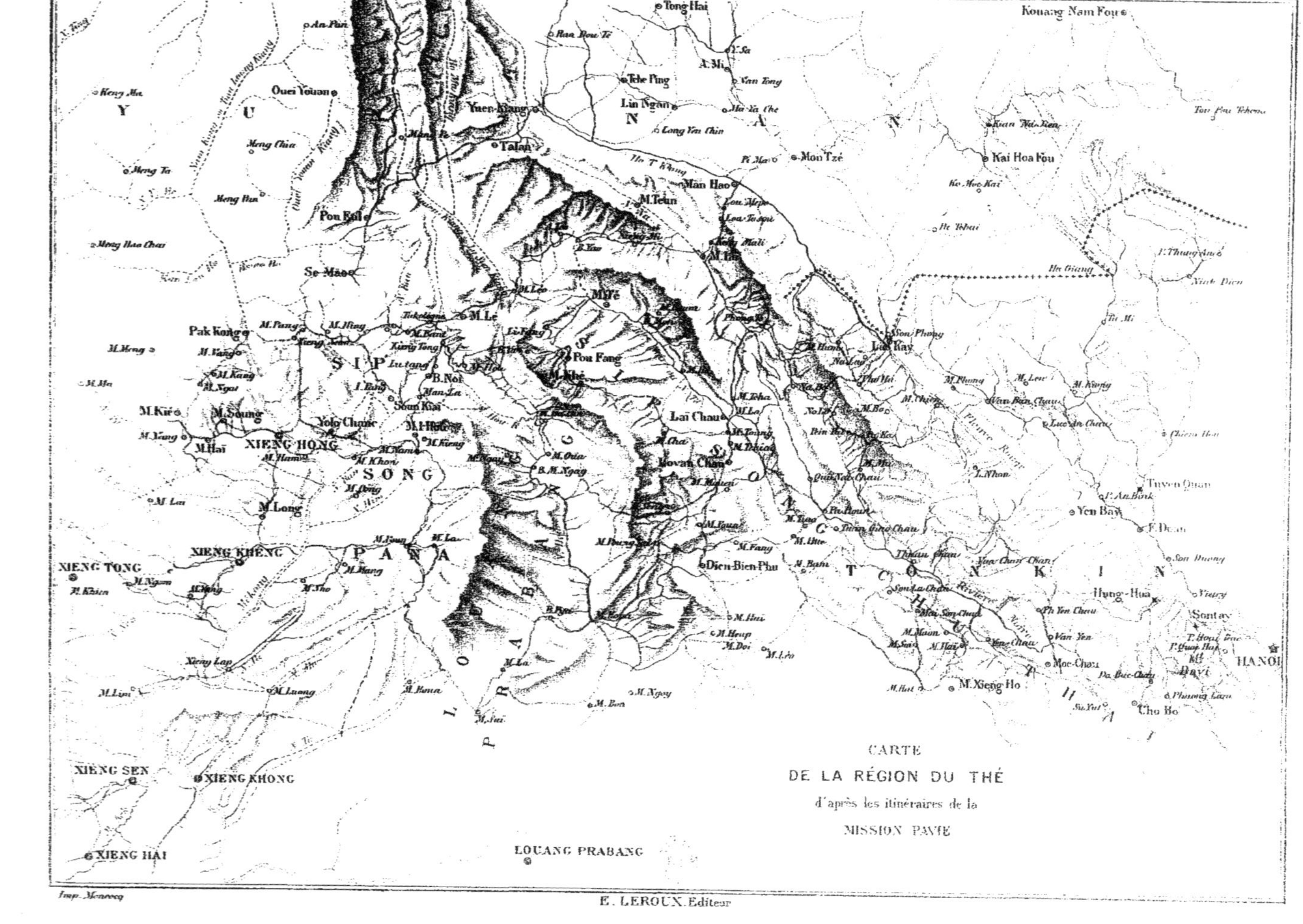
CARTE
DE LA RÉGION DU THÉ
d'après les itinéraires de la
MISSION PAVIE
Y U N N A N
T O N K I N
S I P S O N G P A N A
L O U A N G P R A B A N G
Kouang Nam Fou
Tong Haï
Ouei Youan
Yuen-Kiang
Talan
Tche Ping
Lin Ngan
Mon Tzé
Kaï Hoa Fou
Man Hao
M.Teun
Pou Eul
Se Mao
Pak Kong
M.Le
M.Yé
Pou Fang
M.Khé
Laï Chau
Lao Kay
B.Noi
Soun Kai
Yolo Chuuc
M.Kié
M.Soung
XIENG HONG
M.Haï
M.Long
XIENG KHENG
XIENG TONG
Dien-Bien-Phu
Tuyen Quan
Yen Bay
Hung-Hua
Sontay
HANOÏ
Moc-Chau
M.Xieng Ho
Cho Bo
XIENG SEN
XIENG KHONG
XIENG HAÏ
LOUANG PRABANG
Imp. Monrocq
E. LEROUX, Editeur

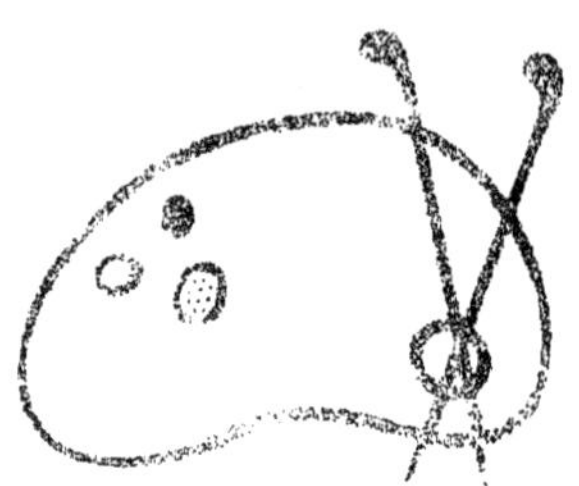

www.ingramcontent.com/pod-product-compliance
Ingram Content Group UK Ltd.
Pitfield, Milton Keynes, MK11 3LW, UK
UKHW020408250726
13967UKWH00006B/2533

9 782013 42814